Dedicado a mis padres, Félix y Toñita,

mis hijos Daniel, Agustín, Elvin, Emillie, Melvin,

y mis nietos Jael, Davian y Sofia Marie.

Dedicated to my parents, Toñita and Felix,

my children Daniel, Agustin,

Elvin, Emillie, Melvin,

and grandkids Jael, Davian and Sofia Marie.

Es un hermoso día soleado en la bella isla del encanto, Puerto Rico. El Abuelo Félix se encuentra descansando en su **hamaca** la cual cuelga entremedio de dos bellos árboles de **Flamboyán**.

It is a beautiful sunny day on the enchanted island of Puerto Rico. Grandfather Felix is resting on his **hammock** that hangs between two colorful **Flamboyant** trees in the backyard of his house.

De repente llega su nieto Quique y la paz y quietud fueron instantáneamente transformada a risas y emoción. Se saludan con un fuerte abrazo. La visita de Quique hace que el abuelo se sienta muy feliz.

Suddenly his grandson Quique arrives and the peace and quiet are instantly transformed to laughter and excitement. They greet each other with a strong hug. Quique's visits always make Grandfather Felix very happy.

"¿Cómo te va en la escuela, Quique?" preguntó el Abuelo Félix.

"¡Pues bien, abuelo!" contestó Quique.

"¿Oye, Quique, cuéntame, que has estado aprendiendo en la escuela?"

"Cuando comience el segundo grado vamos aprender sobre el Método Científico."

"Oye abuelo, ¿sabes tú lo que es el Método Científico?"

"Quique, how is it going at school?" asked Grandfather Felix.

"Very well, grandfather," answered Quique.

"Quique, tell me what you are learning in your class."

"Well, when I begin second grade we are going to learn about the Scientific Method."

"Hey, Grandfather, do you know what the Scientific Method is?"

“Mi maestra, la Sra. Rosado, nos pidió que buscáramos información sobre el Método Científico como parte de un proyecto de ciencia que vamos a comenzar hacer cuando regresemos del receso de verano. Ella dice que vamos a usar mucho el Método Científico en nuestras clases de ciencia”

“My teacher, Mrs. Rosado, asked us to find information about the Scientific Method as part of a school project that we are going to do when we return from our summer vacation. She says we are going to use it a lot in our science class.”

Método Cientifico
Scientific Method

¿Cómo estás, Quique? interrumpió la abuela Toñita mientras le traía el cafecito al abuelo Félix. "Bien, aquí preguntándole al abuelo sobre el Método Científico,' respondió Quique "¿De veras? ¡Pues buena suerte con eso!" dijo la abuela Toñita, sospechando que era una broma .

"How are you, Quique?" interrupted Grandmother Toñita as she brought a cup of coffee for Grandfather Felix. "Great! I'm asking Grandfather Felix about the Scientific Method," replied Quique. "Oh, really? Good luck with that!" said Grandmother Toñita, thinking it was a joke.

"Un científico debe hacer preguntas para averiguar cómo las cosas funcionan y descubrir lo desconocido," contestó el abuelo Félix. "Si, preguntas," continuó Quique entre risitas. "Bueno abuelo, déjese ya de chistes y póngase en serio a explicarle a Quique lo que él necesita saber. ¡Disfrute su café mientras aún esté caliente!" ordenaba la abuela Toñita mientras se apresuraba en regresar a la cocina para comenzar a preparar la cena.

"A scientist must ask questions in order to understand how things work and discover the unknown," answered Grandfather Felix. "Yes, questions," continued Quique between giggles. "O.K., grandpa, stop joking around and start seriously explaining to Quique what he needs to know. And enjoy your coffee while it's still hot!" ordered Grandmother Toñita as she hurried back to the kitchen to start dinner.

"Bueno, ahora hablando en serio, Quique," continuó diciendo el abuelo al terminar su primer trago del café. "El Método Científico es la forma en que los científicos aprenden y estudian el mundo a su alrededor."

"Well, now speaking seriously, Quique," continued Grandfather Felix after taking his first sip of coffee. "The Scientific Method is the way that scientists learn and study the world around them."

Cientifico / Scientist
Método
Científico
Scientific
Method

"¿**Qué es un científico**, abuelo?"

"Un científico es una persona algo así como tú, que cuando quiere saber algo empieza a preguntar y a explorar. Es una persona muy inteligente, que ha estudiando las ciencias y las matemáticas. Se la pasa **observando** y **estudiando** las cosas para investigar el por qué las cosa son como son, como funcionan, para qué sirven, y hasta cómo se pueden mejorar.

"**What is a scientist**, Grandfather?" "A scientist is a person, somewhat like you, who asks questions and explores for answers when he wants to understand something. He is a very intelligent person who has studied science and math. He spends a lot of time **observing** and **studying** things to investigate why something is the way it is, how it works, what it is for, and even how it can be improved."

Qué?/What? Cuándo?/When?
¿Dónde?/Where?
¿Cómo?/How?
¿Por qué?/Why?
¿Qué tal?/What if?
Método Cientifico
Scientific

"¡Vaya! ¡Qué interesante, abuelo! ¡Yo podría ser un científico algún día! ¡Mi maestra me dice siempre que soy muy inteligente! '¡Pues, claro que sí!" dijo el abuelo orgullosamente mientras le daba a Quique palmaditas sobre la espalda. "Mientras tanto, tú y tus amigos pueden pretender en ser científicos." "¿Cómo lo hacemos?" preguntó Quique.

"Wow! How interesting, Grandfather! I can be a scientist one day! My teacher always tells me I am very intelligent!" "Why sure!" said Grandfather proudly as he patted Quique on the shoulder. "In the meantime, you and your friends can pretend to be scientists." "How can we do that?" asked Quique.

"El **Método Científico** son unos pasos que debemos de seguir cuando investigamos algo. Lo primero observamos lo que está ocurriendo en el mundo o en la naturaleza. Entonces creamos preguntas. Luego tratar de hallar las posibles respuestas a través de la **observación** y **experimentación**."

"The **Scientific Method** is a series of steps that we should follow when we investigate something. First, we observe something that is happening in the world or in nature. Then we try to find possible answers through **observation** and **experimentation**."

QUIQUE

Algunas preguntas para hacerse:

- ✓ ¿Qué es ésto?
- ✓ ¿Qué será?
- ✓ ¿Por qué es así?
- ✓ ¿Cómo funciona?
- ✓ ¿Qué tal si fuera diferente?
- ✓ ¿Para qué sirve?
- ✓ ¿Por qué esta ahí?

Some questions to ask:

- ✓ What is that?
- ✓ What can it be?
- ✓ Why is it like that?
- ✓ How does it work?
- ✓ What if it was different?
- ✓ What is it good for?
- ✓ Why is it there?

¿Qué es eso?/ What is that?
¿Qué será?/What can it be?
¿Por qué es así?/Why is it like that?
¿Cómo funciona?/How does it work?
¿Qué tal si fuera diferente?/
What if it was different?
¿Para qué sirve?/What is it good for?
¿Por qué esta ahí?/Why is it there?

"Un científico comienza siempre con la observación y luego crea una **hipótesis**."

"¿Un hipo qué?" preguntó Quique algo confundido.

"Una **hipótesis**," repitió el abuelo.

"¿Qué es una **hi-pó-te-sis**?"

"A scientist always begins with an observation and then creates a **hypothesis**."

"A hy-po-what?" asked Quique, somewhat confused.

"A **hypothesis**," repeated Grandfather Felix.

"What is a **hy-po-the-sis**?"

"Una **hipótesis** es una posible **explicación** de por qué o cómo algo sucede. Es una oración sobre una idea de lo que puede ser el **problema** o **solución**. Los **científicos** tienen que probar su **hipótesis**. Ellos hacen **experimentos** para probar si las **respuestas** son las correctas."

"A **hypothesis** is a possible explanation for why or how something happens. It is a statement about an idea of what the **problem** and the **solution** might be. **Scientists** need to test their **hypothesis**. They do **experiments** to try to find out if their **explanation** is correct."

Método Cientifico
QUIQUE

Luego, se **escribe** lo que se **observó**. Lo que se observó son los "**datos**". Puedes utilizar diferentes métodos para organizar y presentar los **datos**. Estos métodos pueden ser **tablas**, **gráficas**, una **lista**, **ilustraciones** con detalles, y hasta **fotos**.

Then, they **write** down what they **observed**. The **observations** are called "**data.**" You can use different methods to **organize** and **display** the **data.** These methods can be **tables**, **graphs**, **charts**, detailed **illustrations**, and even **photos**.

1
2
3
4
5
6
7
Legend:
150
100
50
0
1
2
3
4

"Finalmente, se decide que significa esa información que se recogió. Esto es llamado **conclusión**." "¡Vaya, abuelo! ¡Qué inteligente eres! ¡Suenas como un científico!" "Ay, Quique, no soy un científico. Pero si soy muy curioso, al igual que tú. En eso nos parecemos a los científicos."

"Finally, we decide what the collected information means. This is called the **conclusion**." "Wow, Grandfather! You are so intelligent! You sound like a scientist!"

"Oh, Quique, I am not a scientist. But I am very curious, just like you. In that we are very similar to the scientists. "

"Ahora mismo tengo una **hipótesis** que dice que la abuela Toñita hace unas deliciosas cenas. Por cierto, vamos a probar mi hipótesis e investigar qué está cocinando la abuela Toñita." "¡Ay abuelo, tu siempre con tus chistes!

"Right now I have a **hypothesis** that says Grandmother Toñita makes delicious dinners.

By the way, let's go test my hypothesis and investigate what grandmother Toñita is cooking." "Oh, grandfather, you're always joking around!"

"¡Pero Quique, esto es un asunto serio! ¡Tengo mucha hambre! También a los científicos les da hambre. Vamos a investigar lo que está demorando esa cena", contestó el abuelo Félix mientras le daba una palmadita de ánimo. Quique no le quedó más remedio que reírse de su abuelo.

"But, Quique, this is a serious matter! I am very hungry! Even scientists get hungry. Let's go investigate what is the delay with that dinner," answered Grandfather Felix as he gave Quique a pat of encouragement. Quique just had to laugh at his Grandfather Felix.

"Hemos llegado a una **conclusión**", dijo abuelo Félix sonriente.

"¡Tu cena es deliciosa!"

"We have come to a **conclusion**", said grandfather Felix smiling.

"Your dinner is delicious!"

Vocabulario Ilustrado

Illustrated Vocabulary

Hypothesis

Hipótesis

Observe

Observación

Investigate

Investigación

Conclusion

Conclusión

Flamboyant

Flamboyán

hamaca

hammock

Preguntas para la comprensión de la lectura "Curioso Quique"

1. ¿Cuál es el título del cuento?
2. ¿Cómo está el día?
3. ¿En qué lugar están ellos?
4. ¿Dónde se encontraba el abuelo Félix?
5. ¿Quién llegó a visitar al abuelo?
6. ¿Cómo se siente el abuelo con la visita?
7. ¿Visitas tú a tus abuelitos? ¿Cómo te sientes tú al visitar a tus abuelos?
8. ¿Qué le preguntó el abuelo a Quique?
9. ¿Cuál es el proyecto de Quique?
10. ¿Qué es un científico?
11. ¿Te gustaría ser un científico? ¿Por qué?
12. ¿Qué te gustaría ser cuando crezca?
13. ¿Qué es el método científico?
14. De ejemplos de preguntas que se hace el científico.
15. ¿Qué es una hipótesis?
16. ¿Cuántas sílabas tiene la palabra hipótesis?
17. ¿Qué hacen los científicos con su hipótesis?
18. Después que hacen su hipótesis, ¿qué hace el científico?
19. Al final del cuento, ¿qué iba hacer el abuelo?

Comprehension Questions for the story: Curious Quique

1. What is the title of the story?
2. How is the weather?
3. Where are they?
4. Where was Grandfather Felix?
5. Who arrived to visit the grandfather?
6. How does Grandfather feel regarding the visit?
7. Do you visit your grandparents? How to do feel when you visit your grandparents?
8. What did Grandfather asked Quique?
9. What is Quique's project about?
10. What is a scientist?
11. Would you like to be a scientist? Why?

12 What you would like to be when you grow up?

13. What is the Scientific Method?
14. Give examples of some questions that a scientist might ask?
15. What is a hypothesis?
16. How many syllables can you count in the word hypothesis?
17. What do scientists do with their hypothesis?
18. After making their hypothesis, what does the scientist do?
19. At the end, what was Grandfather Felix going to do?